El camino del Electrón.

ELECTRÓNICA.

MARCOS CERVANTES JANSSEN

LETRA ROJA

ELECTRÓNICA

COMPONENTES

Por: Marcos Cervantes Janssen

ÍNDICE:

- PRÓLOGO……………………..……..6
- RESISTENCIA…………………..……8
- INDUCTOR……………………….…11
- CAPACITOR……………………..…14
- DIODO……………………………….17
- TRANSISTOR………………….……19
- CIRCUITO INTEGRADO………..22
- EPÍLOGO…………………….……..23

Primera edición: 7 de Agosto de 2022

Copyright © *2022 Marcos Cervantes Janssen*

Editado por Editorial letr@roja

https://www.facebook.com/LETRA3ROJA

https://www.newtek.janssen@gmail.com

https://payhip.com/letra33roja

https://newtekjanssen.es.tl/

letra3roja@gmail.com

PRÓLOGO:

Entenderá de manera realmente práctica, los componentes, símbolos, conceptos y partes esenciales de esta maravillosa ciencia, la cual está presente en todos los ámbitos de nuestras vidas, educación, medicina, cocina, entretenimiento, hogar, negocios, comunicaciones, y muchas más conocidas, las cuales ejercen en la vida diaria un gran aporte a nuestra eficiencia en las diferentes áreas.

El camino del electrón a través de diferentes materiales, da como resultado, tantas aplicaciones útiles para la humanidad, siendo el electrón una partícula eléctrica existente y que en un conjunto de miles, producen una corriente, llamada electricidad, esta corriente, se transforma y produce diferentes fenómenos al ser manipulada por los componentes en los diferentes módulos que aquí veremos.

Los electrones son parte de los átomos, partículas que conforman todo cuanto existe en el universo, de tal modo que cada componente electrónico, responde de manera diferente al paso de los electrones o corriente eléctrica, esta energía fluye por una diferencia de potencial.

Le presentaré con un lenguaje claro y directo, los eventos sucedidos en cada componente y sus aplicaciones prácticas, en el uso diario de la vida, así usted entenderá, e ingresará, en un mundo muy interesante, actual y de futuro sin duda alguna.

Hoy toda la comunicación y el mundo informático, depende directamente de estos movimientos precisos del electrón a través de los circuitos de ordenadores y demás aparatos que cuentan con circuitos llenos de componentes, presencia, ausencia, e interacción, es el tema que nos compete en ese tratado, veremos fórmulas básicas y sencillas para mejor comprensión de este tema tan necesario y actual.

RESISTENCIA:

La resistencia es un componente , que como su nombre lo indica resiste, en el caso del electrón y su paso a través de él, la resistencia detiene el flujo de ellos, es en una manera práctica, cómo aplastar una manguera, o cerrar parcialmente la llave de agua, teniendo como resultado un decremento en el flujo de agua, es de esta manera que el flujo eléctrico se reduce, esto significa que pasan menos electrones por una resistencia, a medida que esta sea de mayor valor de resistencia, el reducir el flujo eléctrico, nos permite controlar los efectos diversos de la corriente eléctrica en nuestras herramientas y obtener los resultados deseado por, nuestro diseño, así de esta manera aprovechar los cambios de temperatura y flujo eléctrico.

El controlar el voltaje , es de vital importancia por el tema digital pues sabemos que el 1 lógico en las matemáticas binarias, es un voltaje de 5 volts y su ausencia el binario cero, con lo cual este mundo maravilloso de los bits, es tratado, por la definición del voltaje presente.

La resistencia al ejercer dicha acción al paso de los electrones, produce calor, un efecto térmico que representa la transformación de la energía, ejemplo práctico son los calentadores básicos para tratar el agua en cubeta, también recordemos el sistema desempañador del cristal trasero en los automóviles, y como otro ejemplo común la plancha de ropa.

Cada resistencia según su tamaño y valor produce este efecto térmico según el valor y el flujo eléctrico a través de él.

Si se excede la corriente admitida para cada tipo de resistencia ella se funde cual fusible, es pues por eso que se debe conocer las especificaciones de trabajo.

La resistencia en los circuitos electrónicos, es de una dimensión milimétrica, y en la industria, de tamaños considerables, conformada de un filamento, el cual dentro de un cuerpo cerámico, tiene las propiedades químicas de su constitución que se oponen a la corriente eléctrica.

La corriente eléctrica al no poder linealmente pasar cual su naturaleza propone, es transformada en calor, así el cuerpo del componente se ve afectado en su temperatura externa.

En un circuito en serie las resistencias se suman, más en una conexión en paralelo, deberemos utilizar una fórmula de cálculo especial.

Existe un código de colores el cual revela en el cuerpo de las resistencias electrónicas, su valor funcional, todos estos datos son necesarios para el diseño de módulos en la electrónica.

INDUCTOR O BOBINA:

Este componente, es un elemento, muy parecido a la resistencia, más su funcionamiento no es oponerse en este caso al flujo eléctrico, sino oponerse a las variaciones del mismo, siendo muy importante para las comunicaciones y en el filtrado de señales frecuenciales.

Veremos en los componentes dos tipos de corriente eléctrica, la polarizada llamada, corriente directa, y la alterna que fluye con una frecuencia de cambio de polos.

La bobina es un espiral que al conducir corriente directa, no ejerce oposición y se comporta cual conductor lineal, no así para la corriente alterna, en este caso la bobina ejerce oposición a la corriente alterna, y se crea un campo magnético alrededor del componente, así el voltaje es convertido en magnetismo en ves de calor como fue el caso de la resistencia.

Un ejemplo del uso de bobinas es la sintonización radial, en la cual es de vital importancia convertir señales eléctricas en magnéticas, y de esta forma, poderlas transmitir aérea mente, de la misma manera, el receptor con las fórmulas adecuadas, pueden sintonizar estas señales aéreas creadas, y recibir la información contenida, a distancias considerables.

El tener un emisor, y la oportunidad, que se pueda recibir esta, a través de muchos módulos a la vez, fue el gran auge del radio, así también las comunicaciones sintonizadas, proporcionaron un diálogo correcto entre dos puntos en específico.

Los inductores hoy en día se usan en aplicaciones muy potentes como, microondas y transmisión de voltaje aéreo, como ejemplo las nuevas estufas de inducción magnética, que ofrecen bajo consumo y alta eficiencia térmica.

Tenemos así pues, la antena de tesla, la cual es una bobina de configuración especial, y construcción muy interesante. Esta convierte la corriente eléctrica, en un campo magnético denso, llamado plasma inductivo, el cual no solo son transportador de señal, sino también un emisor de voltaje aéreo usado actualmente para la carga electrónica inalambrica de diferentes dispositivos, las aplicaciones de los inductores seguirán desarrollando en la industria metalurgica, espacial y médica, pues su importancia al inducir es fundamental en los proyectos inalámbricos de alto voltaje, aunado a la transmisión informática, más lo que se devele al paso del tiempo, son hoy materia de estudio, y descubrimiento de innovaciones verdaderamente necesarias para la conformación de nuestro futuro en el tema inalámbrico de potencia, esto para la exploración espacial cuántica.

CAPACITOR O CONDENSADOR:

Este componente, al contrario de la bobina, se opone a la corriente directa, y no a la alterna, es llamado filtro por su función de estabilizar el voltaje cuando este tiene variaciones, funciona básicamente como un acumulador de alta velocidad de carga, y descarga.

Existen dos tipos de capacitor, el cerámico para altas frecuencias alternas, y el electrolítico, llamado filtro, que además está polarizado en sus terminales, el cual es utilizado para suprimir picos de voltaje, llamados ruidos.

En la electrónica digital, es de vital importancia que la señal esté bien estable, pues todos los datos se basan en cero volts, y 5 volts, de manera que un pico de voltaje fugar sin haber estado por asignación, si no solo por falla técnica, provoca una codificación y decodificación binaria falsa, al encontrarse bits no legibles o aumentados.

Los condensadores en los sistemas de audio, proporcionan la definición profesional, así como la ecualización necesaria con ayuda de las bobinas, y resistencias, para una salida especializada de sonido, consiguiendo con esto todos los niveles específicos y rangos necesarios para cada instrumento y tono vocal, así el capacitor es vital.

El capacitor en combinación con otros componentes, generan una señal llamada, cuadrada, la cual es un compás que define la marcha consecutiva, en los procesos digitales, así la programación por completo se basa en paquete de datos sincronizados, es pues por este asunto que la definición de una señal repetitiva, pero de gran calidad en sus lapsos, llevarán a la información generarse, transmitirse y leerse de manera eficiente, en todos y cada uno de los equipos digitales que conocemos.

Existe un condensador variable, el cual dentro de un circuito, realiza una serie de cambios que permiten sintonizar diferentes frecuencias, o generarlas según sea el caso, así en los sistemas digitales se pueden generar información digital y analógica, de maneras muy precisas para lograr, velocidad y seguridad en este ámbito.

También dentro del tema de memoria, es realmente necesario, que los capacitores retengan sus niveles precisos en los tiempos exactos, para contener en los dispositivos de memoria la información precisa y en velocidades eficaces.

En el tema del acoplamiento electrónico, los capacitores realizan tareas muy importantes, existe un capacitor piezoeléctrico, capaz de generar corriente eléctrica, si se le presiona físicamente, con ciertas frecuencias y propósitos específicos.

DIODO:

El diodo es un componente electrónico de gran utilidad, con él se fabrica el transistor, el diodo conduce la corriente directa solo en un sentido, y la corriente alterna la rectifica, pues al conducir solo un polo, tendremos solo un signo a la salida del dispositivo, a esto se le llama como rectificación.

El diodo funciona igual que una pichancha hidráulica, o la llamada llave chek, solo permite el flujo en un sentido, así el componente electrónico, es usado también en la electrónica digital para identificar, ceros o unos.

Los diodos rectificadores se usan en todas las fuentes existentes en el mercado, su propiedad de conducir solo en un sentido, corrige y rectifica la polarización errónea en circuitos de precisión, cada diodo representa un consumo típico de 0.7 volt.

Existe un diodo especial con el nombre zener en honor al inventor, este diodo tiene la particularidad de ser parte del receptor AM, que no requiere de baterías, esto es posible, que pues por su sensibilidad, funciona con solo el voltaje de trabajo del diodo, el cual es la señal que al circuito arriba aérea mente, entra por su antena y esta señal es por el diodo convertido en voltaje modulado, así con la ayuda de un auricular piezoeléctrico, se escuchara lo suficiente claro.

Los diodos en la actualidad conforman los circuitos integrados, así la lógica combinacional es posible de trabajar por estos componentes que son la base de las compuertas lógicas, así junto con otros componentes básicos forman el fundamento, de semiconductores miniaturizados, y compactados por miles, en estos diminutos dispositivos, este componente es indispensable.

TRANSISTOR:

Este componente, tiene tres terminales, llamadas base, colector y emisor, siendo la base quien controla el componente, y el colector y emisor quienes cumplen con la función principal del componente.

La función principal de este componente es ser un interruptor, regulador y compuerta en la electrónica combinacional, así este elemento de la electrónica se convierte en el primer circuito integrado desarrollado.

Supongamos para entender, de manera práctica, que el componente que es una llave de paso en una tubería de agua, siendo la manivela la base, la entrada de agua el colector y la salida emisor, así es dependiendo del movimiento de la manivela osea la base, que en la electrónica es controlado por la cantidad de voltios suministrada a la base, es así que la corriente entre colector y emisor.

Los transistores son la base técnica de los complejos microchips, su propiedad de suicheo es quien realiza la lógica combinacional necesaria para el desarrollo digital, así miniaturizados, y dispuestos en compuertas lógicas en esencia, tendremos así con esto el fundamento primero de la electrónica computacional, de ya tres décadas en desarrollo, así de esta manera seguirá.

También tenemos los transistores de potencia, los cuales son de propósito industrial, así la industria, se ha automatizado y con estos componentes como switches y reguladoras, que controlan los procesos de diferentes campos en la industria,

También en el área de sonido, los transistores han desarrollado potentes amplificadores, forman parte de complejos sistemas de ecualización y modificación para mejorar esta actividad.

Dentro del campo de las mediciones y la instrumentación, los transistores en combinación son una serie de sensores, son hoy grandes herramientas médicas e industriales en el área especial de medida, también de suministros controlados, en los sistemas remotos, para minería, medicina y el área espacial.

Los transistores, ya sea de control o de potencia, están cada vez más avanzados, a través de investigaciones, que proporcionaron más incremento de precisión, rendimiento, también así mejoras al reducir su tamaño, y aumentando su eficiencia.

Hoy el número de transistores encapsulados en los microchips está creciendo de manera exponencial, esto por la evolución de su fabricación y mejoras en sus diseños, los cuales a futuro, serán como redes neuronales.

CIRCUITO INTEGRADO:

Es aquí donde todos los componentes de manera individual, evolucionan reduciendo su tamaño y aumentando su eficiencia, así, en un conjunto con propósitos especiales, son interconectados dentro de un encapsulado, llamado circuito integrado.

El llamado I.C. es el centro mismo de la computación, cada tarjeta madre tiene como unidad de procesador un microchip, con infinidad de elementos, conformados por diseños muy especializados y elaborados para propósitos de gran precisión.

Por motivos prácticos el tamaño de nuestra tecnología moderna es cada día más pequeña, pero más potente, nos hemos dado cuenta de que el propósito de cada uno de estos componentes tan complejos, va evolucionando de manera increíble.

EPÍLOGO:

Sabemos que nuestro cuerpo humano está formado de diferentes sistemas, en los cuales encontramos el sistema circulatorio sanguíneo, y el nervioso, en este último, existe una corriente eléctrica circulando por nuestro cuerpo.
También nuestras neuronas están cargadas de una energía, que circula sin detenerse, durante toda nuestra vida.
En el tema maravilloso de la electrónica, nos damos cuenta de cómo hemos aprendido de la naturaleza, y reproducido muchas de las funciones que en ella suscita, todo esto nos ha llevado de la mano, para generar ordenadores, es aquí donde desarrollamos de manera artificial, una mente artificial programada, la cual tiene el objetivo de aprender e ir tomando cada vez más sus propias decisiones, al acumular experiencia.
Más junto al sector, de monitorizar y dar vida a humanoides con extremidades robóticas, se les da estas, mentes artificiales, gracias a los microchips.

Sean, computadores, casas e incluso humanoides, tendremos en un futuro robots, capaces de reaccionar a principios de respeto y ayuda mutua.

Recordemos que somos sus creadores y por tal motivo somos responsables de su aprendizaje, evolución y legado.

Es así que las plantas y animales evolucionan y que el ser humano, a través de su creación, puede realmente avanzar en el conocimiento total de la creación.

Es emocionante que cada componente es totalmente diferente, más todos son indispensables, y tienen un verdadero lugar solo para ellos, las actualizaciones de su fabricación nos llevan de la mano al futuro, siendo la electrónica del futuro, el hecho de integrar a nuestra realidad biológica, su integración adecuada y de verdadero respeto humano.

Por tal motivo, siempre debemos reconocer que, la electrónica es el estudio, de procesos naturales recreados, por nuestras manos para el beneficio del bien común.

Todos los derechos reservados. Bajo las sanciones establecidas
en el ordenamiento jurídico, queda rigurosamente prohibida,
sin autorización escrita de los titulares del *Copyright*©
la reproducción total o parcial de esta obra por
cualquier medio o procedimiento
la reprografía y el tratamiento
informático.

Hola, soy Investigador, escritor e ingeniero en comunicaciones, a través de mi vida, experimente situaciones fuerte en todo sentido, deseo que tu vida vaya cada vez mejor, y que evoluciones la mas que puedas expandiendo tu conocimiento, mente y tu voluntad, estoy seguro podemos encontrar un expandir nuestra existencia, deseo acompañarte siempre, y te agradezco de antemano "ESTÉS"

Entenderá de manera realmente práctica, los componentes, símbolos, conceptos y partes esenciales de esta maravillosa ciencia, la cual está presente en todos los ámbitos de nuestras vidas, educación, medicina, cocina, entretenimiento, hogar, negocios, comunicaciones, y muchas más conocidas, las cuales ejercen en la vida diaria un gran aporte a nuestra eficiencia en las diferentes áreas.

El camino del electrón a través de diferentes materiales, da como resultado, tantas aplicaciones útiles para la humanidad, siendo el electrón una partícula eléctrica existente y que en un conjunto de miles, producen una corriente, llamada electricidad, esta corriente, se transforma y produce diferentes fenómenos al ser manipulada por los componentes en los diferentes módulos que aquí veremos.

www.ingramcontent.com/pod-product-compliance
Lightning Source LLC
Chambersburg PA
CBHW050327220526
45465CB00005B/2171